体验沙漠

MISS SCORCHER'S DESERT LESSONS

〔英〕瓦勒里·威尔丁／原著　〔英〕凯利·沃尔德克／绘　王建国／译

U0257180

北京出版集团

北京少年儿童出版社

著作权合同登记号

图字:01-2009-4242

Text copyright © Valerie Wilding, 2002

Illustrations copyright © Kelly Waldek, 2002

Cover illustration reproduced by permission of Scholastic Ltd.

图书在版编目(CIP)数据

体验沙漠/(英)威尔丁(Wilding, V.)原著;(英)沃尔德克(Waldek, K.)绘;王建国译. —2版. —北京:北京少年儿童出版社,2010.1(2024.7重印)

(可怕的科学·体验课堂系列)

ISBN 978-7-5301-2333-1

Ⅰ.①体… Ⅱ.①威… ②沃… ③王… Ⅲ.①沙漠—少年读物 Ⅳ.①P941.73-49

中国版本图书馆 CIP 数据核字(2009)第 180340 号

可怕的科学·体验课堂系列

体验沙漠

TIYAN SHAMO

〔英〕瓦勒里·威尔丁 原著

〔英〕凯利·沃尔德克 绘

王建国 译

*

北 京 出 版 集 团 出版
北 京 少 年 儿 童 出 版 社

(北京北三环中路6号)

邮政编码:100120

网 址:www . bph . com . cn

北 京 少 年 儿 童 出 版 社 发 行

新 华 书 店 经 销

三河市天润建兴印务有限公司印刷

*

787 毫米×1092 毫米 16 开本 8 印张 50 千字

2010 年 1 月第 2 版 2024 年 7 月第 41 次印刷

ISBN 978-7-5301-2333-1/N·122

定价:22.00 元

如有印装质量问题,由本社负责调换

质量监督电话:010-58572171

目 录

欢迎来到皮克尔山小学

你好！我是苔丝·泰勒，我来描述一下皮克尔山小学的情况，为什么要费这个事呢？从表面上看，它和其他任何一所学校没什么两样，没准和你们学校一模一样。

可是，当你走进校门，你就会看到皮克尔山小学与普通的学校相比，绝对地、完全地、肯定是不一样的。

我们有最好的老师，不过——他们可是些不可思议的怪人，他们都有情有独钟的研究领域。皮克尔山小学的老师上课的时候，总会有一些有趣的事情发生。比如，你们都有小橱柜是吧？我们也有，可你打开它们的时候，千万要小心，你想象不到会有什么奇怪的东西蹦出来。至于我们的电脑……

为什么不来和我一起上一堂斯柯彻小姐的别具一格的地理课呢？那时，你就会明白我是什么意思了。

苔丝

皮克尔山小学

教师姓名：珊迪·斯柯彻小姐

年　龄：至少21岁（她自己说的）

相　貌：我认为她非常漂亮

讲授科目：地理

最喜欢的主题：
沙漠——她说是热
门话题

行为举止：总是
精力充沛——一个
手脚麻利的人

信息提供：

5F班　苔丝·泰勒

我
苔丝·泰勒

（每天头发都
不顺溜。）

妮塔·罗斯，又
叫好吃鬼妮塔

丽姬·威斯
特，残忍的
家伙

海瑞克·塔纳卡，
厚脸皮，但通常能
做了坏事而不受罚

米娜·
威尔森，
绰号懒骨头

威尔·贝克，
自寻烦恼者

弗莱迪·
费尔德，绰
号大块头

戈德明，
巴聪鬼
际个蛋

登实
大是
笨

5F班里我的一些朋友

3

雨的舞蹈

砰！砰！砰！

有人在敲教室的门。丽姬踮着脚尖走过去，把耳朵贴在门上。接着，又是一阵敲门声，一个压低的嗓音说："让我进去！"她吓了一跳，差点摔了个跟斗。丽姬忽地一下把门打开，"噢！原来是斯柯彻小姐！"

　　斯柯彻小姐把抱着的东西放到地上，又从皮带上解下好几个包，朝墙角那儿一扔，乒！乒！

　　她松了一口气，说："我们今天讲新课，是关于我最喜欢的一些地方——你们猜猜，是哪里？"

　　"给你们个线索，"斯柯彻小姐说，"这些地方非常非常大，非常非常干燥并且——"

　　大家异口同声地尖叫起来："沙漠！"

　　"对啦，就是沙漠。"斯柯彻小姐微笑着以示赞许。

　　"这么说，这节课就不会太长了。"戈登插话道，"该知道的我们已经都知道啦！"

　　"真的？说说你都知道些什么，戈登？"斯柯彻小姐反问。

　　"我知道，沙漠里荒无人烟，那儿什么都不长，除了沙子就只是沙子。我们大家都知道沙子是什么吧？"

　　"这才仅仅开了个头儿呢！"斯柯彻小姐说，"等我们上完课，你们就会对沙漠有更多的了解了，甚至还能写出一本关于沙漠的书呢！"

　　"想象一下，我们现在就在沙漠之中，"米娜懒洋洋地说，"再想想比基尼、遮阳帽、冰饮料，还有杂志……"

　　"准确地说，什么是沙漠呢？"我问道。

　　"好，这正是我希望你们提的问题。"斯柯彻小姐点点头。

　　瞧，讨论就这么开始了。

　　"沙漠，就是几乎没有什么水分的地方。不过，请稍等。"斯柯彻小姐把手一伸，说，"要下雨了。"

　　威尔·贝克朝上看了看，一大滴水珠落到他鼻子上。"真的下雨了！"

　　没错，是下雨了。

　　"这一课不是要讲沙漠吗？"我站起来，往上一蹿，跳到椅子上。我今天穿的可是崭新的运动鞋！至少，我以为是这样。可我朝下一看，不对，怎么回事？我脚上竟然穿着一双长筒雨靴，而且每个人也都和我一样。

　　我们都看傻了，以前教室里从来没下过雨呀！

这雨来得急，去得也快。

"这就是沙漠里一年的最大降雨量。"斯柯彻小姐解释说。

"哎呀，就这么点儿呀！"丽姬好像很遗憾似的。

"我来测量一下。"戈登为了放尺子，一不小心把一个盒子里的水碰翻了，他只好又往盒里倒回一些水，这个毛手毛脚的戈登，要是不惹出点麻烦，就干不成事！他想跨过那个箱子，结果又滑倒了。这回，它撞翻的不是别的，是我！真讨厌！

"戈登，你这个笨蛋！"我高喊，"你要淹死我吗？"

海瑞克在一旁偷笑："苔丝的头发终于顺溜了一回！"

250毫米，不算多。

威尔对什么都忧心忡忡的。

"平均来说，我们会有5倍那么多的雨量。"斯柯彻小姐说。

威尔皱了皱眉："一年之中，只有250毫米的降雨量，够干什么的——连一棵树也养不活呀！"

"我不是告诉过你吗？沙漠里什么也不长的！"戈登自以为是地说。

"250毫米降雨量是不多，"斯柯彻小姐告诉大家，"对于绝大多数生物来说，的确是太少了。可是，令人难以相信的是，正如我们大家所看到的，在这种恶劣的条件下，有许多生物居然还能够存活。苔丝，去把地球仪拿来。"

"我们是不是先把自己弄干了再说呀？"我问。

斯柯彻小姐笑嘻嘻地说："你并没有被弄湿呀！"

我只得穿好运动鞋。水越来越少，聚成了一个个小水洼。小水洼不断缩小，然后消失不见了。

"我敢打赌，有些沙漠甚至连250毫米的降雨量也没有。是不是，斯柯彻小姐？"本·李问道。

"是的，"她回答，"南美洲的阿塔卡玛沙漠，据说有400年没下过雨。"

"那么长时间没有一点水！"说话的是超过一小时不吃点食物就忍受不了的妮塔。

"如果你在阿塔卡玛沙漠里迷了路，就会被渴死。"丽姬接着说，"你会被老鹰叼走，最后变成一堆白骨。"她假装瘫倒在地板上，气喘吁吁地吐着舌头。

我们大家的情绪一下子都低落下来，甚至连斯柯彻小姐的声音也有点发颤了："有谁知道我们这个世界有多大面积的地方是沙漠？"她问。

没人回答。

"那么，请帮忙腾出点地方来，我们来转一下……"斯柯彻小姐转向我问，"苔丝，地球仪呢？"

"噢，对不起，我忘了。"我把地球仪取来。

转一下，她到底要干什么？

全球变暖

　　我们把课桌推到一边，大家围拢过来，看斯柯彻小姐旋转地球仪。那地球仪转得越来越快，上面的图像变成了模糊的一片。它嗖嗖地飞转着，把米娜的刘海儿都吹得立起来了。后来，它渐渐地慢下来，停住了。

　　"哇！地球仪变了！"我惊叫着。

　　地球仪上，海洋依然蔚蓝，土地依然碧绿，只是上面没有了城市，没有了河流，没有了文字标记，一些明亮的黄"补丁"这儿一块，那儿一块地散布着。

　　"那些斑块一定是沙漠。"戈登说。

　　"那么多斑块啊！"威尔接着说道。

我们大致可以看出陆地上有多少地方是沙漠了。据大多数人的估计，沙漠的面积超过了陆地的1/4，差不多有1/3吧。

"而且，沙漠哪儿都有——甚至连澳大利亚也有呀！"戈登惊叫了一声，两腿一软，险些摔倒，他一把抓住地球仪才稳住了身子。

哦！太烫了！

"是这样！"斯柯彻小姐解释道，"你把手放到非洲的撒哈拉沙漠上了。"

说着，她从包里取出一支温度计。

撒哈拉沙漠曾创下有史以来最高的温度纪录——即使在背阴处，温度也高达差不多58℃。

"在我们这里，就算是酷热难耐的正午，温度也只不过才有它的一半高。"弗莱迪推算着。

"那还只是空气的温度，"斯柯彻小姐说，"如果贴近地面，在几乎没有一点儿空气流动的情况下测量一下，温度可以高达82℃呢！"

"我敢断定，那热度都可以煎鸡蛋了。"米娜耸了耸肩，说道。

"你怎么知道的？"海瑞克反唇相讥，"恐怕你连面包片都没烤过吧！"

海瑞克和米娜是邻居，两人总是一有机会就拌嘴。

"米娜说得对，82℃当然热得可以煎鸡蛋了！"斯柯彻小姐说。

"所有的沙漠都很热吗？"我问。

"摸摸地球仪，苔丝。"于是，我非常小心地摸了摸。我可不想重蹈戈登的覆辙。我发现，地球仪的中间部分，接近赤道的沙漠是热的，可往外走，到了南极附近的沙漠就是凉的了。

"南极怎么会有沙漠呢？"我很好奇，"那里全都是冰，而冰就是水呀！"

"没错，是冰冻的水，"戈登插话说，"冰上是不可能长树长草的。"

"完全正确，"斯柯彻小姐接着解释说，"降雨量——噢不，对这里来说，是降雪量——非常之小，因而南极洲也够资格被称为沙漠。"

接下来，爆发了一场关于在热带的沙漠好些，还是在寒带的沙漠好些的激烈争论。

13

"极地的沙漠并非是仅有的冷沙漠，"斯柯彻小姐说，"某些沙漠，比如非洲的卡拉哈里沙漠，夏天炎热，可到了冬天就非常寒冷。"

"就像我的寝室一样！"戈登说。

14

戈壁

夏天像煮开的锅那么热，冬天却冰冻般寒冷；"戈壁"就是无水之地的意思。

阿拉伯沙漠

夏天热得要命，冬天寒冷，时速30公里的风能把沙丘雕塑得千姿百态。

卡拉哈里沙漠

夏天热，冬天冷，沙漠中有许多动物存活。

澳大利亚

夏天炎热、冬天寒冷，澳大利亚1/3的面积是沙漠，1/3是半沙漠地带。

"我们不难看出，即使是最热的地带，夜晚的沙漠也是很冷的。"斯柯彻小姐看了大家一眼，"你们今天的家庭作业就是分析造成这种现象的原因。"

夏天云层阻止了暖空气的流失。房子里热，但是很暗。

沙漠上空没有云层，因此，热量可以散开。太阳落山之后，天气很快就变冷了。

苔丝 作

　　斯柯彻小姐要走了，她向大门走去。"再见！"说着，猛一闪身，门砰地一下关上了。她所有的东西都忘拿了，我跑去追她。嘿！幸亏我及时收住了脚步，否则非把我的鼻子碰扁了不可。那门突然开了，斯柯彻小姐的头又伸回来。"别担心，苔丝，东西可以留到下一节课，"她若有所思地说，"顺便告诉大家，下一节课会有一位特殊的客人来访。"

　　"会是谁呢？"我正寻思着。

　　丽姬憨然一笑，说："我敢打赌，一定是她的男朋友！"

古怪的新老师——
亚利桑那·乔

斯柯彻小姐推着装有一台电脑的小推车步伐矫健地穿过房间，然后刹住车，停了下来。"让我们来看看真正的沙漠！"

我们的椅子刚好绕着电脑围成半圈，大家坐了下来。

斯柯彻小姐把一张光盘插入电脑，屏幕上出现了三个图标，她把光标移动，越过屏幕的一角。当它变成双箭头时，她点击鼠标左键并拖动。所有的东西都变大了。不只是屏幕，连监视器本身也变大了。

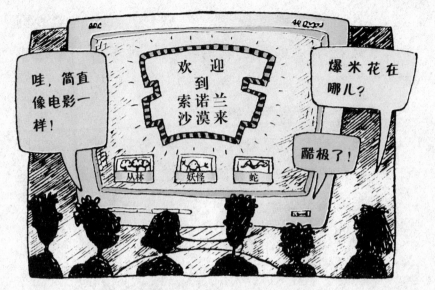

一条蛇在屏幕上蜿蜒蠕动着。丽姬离开了，有两个人叫道："好哇！"我旁边的威尔吓得哆嗦起来。

一个深沉的声音从我们身后响起："难道你们害怕那吓人的东西吗？它不会伤害你们的——除非你把它激怒了。"

我们转过身来，在老师的座位上坐着一个人，他把脏兮兮的靴子翘起来，放在讲台桌上……还是你自己看吧！

19

"为什么我要有枪呢？"那个男人说，"我到这儿来是想跟你们谈谈我的家乡，对不对，珊迪小姐？"

"对，亚利桑那·乔。"

"噢，嚯！"丽姬对着我的耳朵窃窃私语，"听到了吗，叫她珊迪小姐，没准他就是她的男朋友！"

对这种看法，我不以为然地哼了一声。

他用拇指指向屏幕。

索诺兰沙漠，31万平方公里。差不多等于英国和爱尔兰加在一起那么大。尽管它的一部分在墨西哥，但在我看来，它是全美国最大、最好的沙漠。你们对什么感兴趣，就点击什么吧，随便！

丽姬去找"怪物"了。

"嗬，嗬，这是大毒蜥。"亚
利桑那·乔说。

"哈，这可不是我所说的
怪物。"丽姬说。

"它不算大，"亚利桑
那·乔同意她的看法，"但是，它
有毒。让我们来研究研究。"

乔在屏幕上巡视，选中了大毒蜥。

我们太惊讶了，几乎都忘记害怕了。

"挺结实的小家伙，对不对？"乔骄傲地问，
"这种蜥蜴能长到60厘米长。"

"它是黑色的，身上会有粉红色或者橘黄色的花斑。它将脂肪储存在粗壮的尾巴里，一年多不吃不喝也照样活得好好的。"

一想到没吃又没喝，妮塔就像生病了一样，没精打采的。

"它凶不凶呀？"丽姬问。

"如果你激怒了它，它会很凶的，可是你不会轻易惹它的，是吧？它有毒，会把人毒死的。它跑不快，我估计，在它咬你之前，你完全有时间躲开的。"

"米娜躲不开，"海瑞克插话说，"她向来跑不快。"

"嗯！我估计，大毒蜥可能会把它尖利的牙齿伸向米娜的——"丽姬说。

"丽姬，在客人面前不许这样！"斯柯彻小姐对乔甜蜜地一笑，"还有其他爬行动物吗？"

"你有什么要求，我都乐于效劳，珊迪小姐。"

男孩子们相互用肘臂推了推。"只要她那样看他一眼，他就会为她做任何事情的。"阿妮·皮斯玛什笑道。

乔把大毒蜥放回到屏幕里面。"注意，看什么来啦！"

一条蛇出现了，就在原先大毒蜥的位置上，晃动着尾巴，发出咝咝的声音。

"哟，这是一条响尾蛇。"亚利桑那·乔咕哝着说，"它发出的响声警告你，离远点。它不想吃你——它宁愿尝尝老鼠肉。它能把整个老鼠吞进去，毫无问题。嘿！当心！"

23

"不，不，不是你们。"乔笑道，"我是在和响尾蛇说话呢！喂！王蛇来啦！快动弹动弹！"

"别走哇，响尾蛇！"丽姬吼叫道，"去咬它。"

乔笑了笑，"它不敢的。"

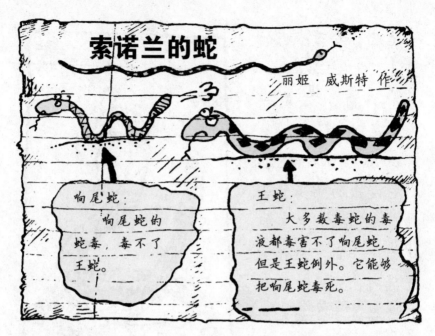

索诺兰的蛇

丽姬·威斯特 作

响尾蛇：

响尾蛇的蛇毒，毒不了王蛇。

王蛇：

大多数毒蛇的毒液都毒害不了响尾蛇，但是王蛇例外。它能够把响尾蛇毒死。

"不是每个人都喜欢蛇的。"注意到几个学生被吓得脸色发白，斯柯彻小姐建议说，"你肯定还有很多东西要给我们看吧。"

"如果你乐意，就点击一下'圣物'标记，珊迪小姐。"乔说。

"圣物？"威尔问道。

"乔有点口音，他是说'生物'。"斯柯彻小姐伸出手去够鼠标。

"我来吧。"戈登说着向电脑走去。正如我们前面所说的，他真的又摔倒了，胳膊肘重重地敲击在电脑的键盘上。

屏幕上出现了提示错误的蓝色信息。

"噢，我的天！"斯柯彻小姐惊叫起来。

一排动物横过整个
屏幕。"该死！"亚利桑
那·乔赶紧提醒大家，
"大家注意脚下。"

蹦呀，跑呀，爬呀，
那些动物都到了屏幕的边
上。它们并没有消失，而是直接掉落到离它们最近的
弗莱迪的身边。

弗莱迪吓得浑身抽筋。我们对他跌倒翻过椅子或
什么东西的动作都已习以为常了——可我们以前从来
也没见过他一跳就蹿上课桌，并把上面的东西胡噜得
一干二净。

正如你所料到的，几秒钟之内，我们全都动了起
来——地板上全是有蹄子、有爪子的活物了。全班有
一半的人都爬到椅子上，而剩下的一半呢，由丽姬打
头，躲进长毛的、带甲壳的动物群当中去了。

"喂！当心！"乔不紧不慢地说，"你应当尊重它们，不然的话，会使它们'真的'野性大发的。"

我眼见一只蝎子爬上斯柯彻小姐的靴子。我可不想让它野性大发。于是，我没敢出声，在一旁观望着。

亚利桑那·乔读懂了我脸上的表情："不用担心，有我在这儿，它们不会伤害你的。走近点儿，去和它们交个朋友，看看你能发现些什么。"

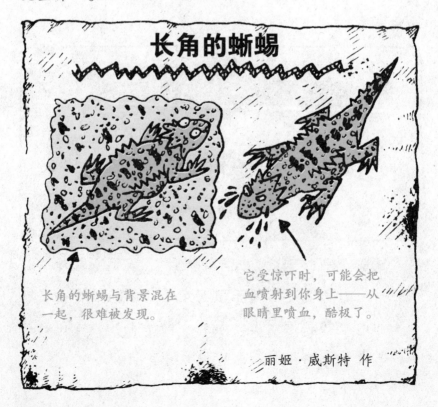

长角的蜥蜴

长角的蜥蜴与背景混在一起，很难被发现。

它受惊吓时，可能会把血喷射到你身上——从眼睛里喷血，酷极了。

丽姬·威斯特　作

我喜欢狐狸。我叫它软毛小狐狸。它行动敏捷，不容易被抓到。

"它必须快速奔跑才能抓住美味的老鼠或兔子。"乔告诉我。

"它们的耳朵那么大，是为了听清猎物的动静吗？"我问。

"说得不错，而且还能帮助它们降温呢！当血液流过时，热量就会从那大耳朵释放出去。"乔回答。

"就像暖气片中的热水一样，释放热量。"我补充——我是不是很聪明呀？

乔耸耸肩膀说："你要那么说，小乖乖！"我想，他可能从来也没见过暖气是什么样的。

沙漠里的乌龟

威尔·贝克 作

沙漠里的乌龟从食物中获得它所需要的全部的水。它特别喜欢霸王树——果子像梨一样的仙人掌。我可不喜欢。

潘妮·怀特正温柔地抚摸着长着一对大耳朵的兔子，像在跟它说悄悄话。"这是一只北美长耳大野兔，"她告诉我，"当它夜晚觅食时，靠这对灵敏的大耳朵捕捉信息，判断附近是否有敌人。"

"并且它们的耳朵就像暖气片那样，有降低体温的作用。"我告诉她。

"拜托啦，暖气可是保温的啊！"她仿佛不屑一顾的样子。老实说，她根本没理解我要说的意思。

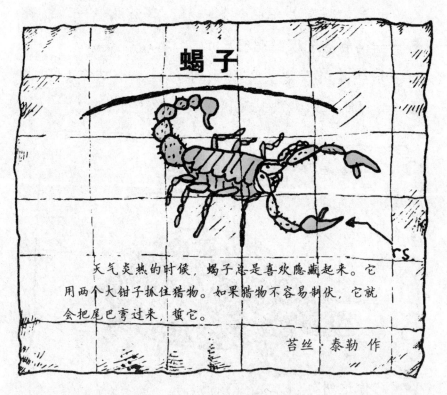

蝎子

天气炎热的时候，蝎子总是喜欢隐藏起来。它用两个大钳子抓住猎物。如果猎物不容易制伏，它就会把尾巴弯过来，蜇它。

苔丝·泰勒 作

弗莱迪跟在一只像老鼠模样的动物后面，满屋子跳来跳去。"像不像小袋鼠？"他嚷着。

"更格卢鼠能很好地适应沙漠中的生活。"乔说，"它不需要喝很多水，而且它能用强壮的腿挖洞，给自己创造一个既凉爽又安全的居所。"

我想知道，在有很多袋鼠的澳大利亚是否有更格卢鼠？乔说没有。

"每个沙漠都有它自己特有的植物和动物。"他解释说。

"为什么？"弗莱迪问。

"因为每个沙漠的环境条件不同，所以动植物都必须适应它们自己的环境，对吗？"他马上转了话题说，"瞧，来了个美洲土生土长的家伙！"

有什么东西发出咯咯的声音穿过电脑屏幕，我们大家都转过身来。

"这究竟是什么东西？"弗莱迪问。

亚利桑那·乔笑了。"你这叫不出名的小东西！"

当这家伙往回跑时，斯柯彻小姐轻轻地点击了一下鼠标。

29

"是走鹃！"我兴奋地喊起来。

"是的，"乔说，"这种鸟不擅长飞翔，飞一会儿就累了。可它的脚却厉害得很，跑得很快。它觅食时一小时能跑25公里。它们总是喜欢跟在马或马车后面，吞食那些被马或马车惊起来的昆虫。"

斯柯彻小姐站起身来，"快下课了，"她说，"请把你的生物召集起来吧，乔。"

于是，乔用拇指指向屏幕。"伙计们，都给我回去！"

动物们都蹦回到屏幕里面。

阿妮·皮斯马什目不转睛地盯着屏幕，"看见了吗？它们都回去了！"

沙漠里的植物

"我们来看点可爱的东西吧！"乔在"丛林"标记上点击了一下。

一棵高大的仙人掌出现了，接着又是一棵，还有一棵！屏幕上立刻变成了仙人掌林。然后，它们居然从屏幕上挤了出来，长到了我们的教室里！首先，地板砖被拱了起来，然后，仙人掌钻了出来……

　　"萨瓜罗*仙人掌能长到15米高。"乔介绍说，
"但那需要很长很长的时间。"

萨瓜罗仙人掌

弗莱迪·费尔德 作

　　某些萨瓜罗仙人掌能活200年。不是所有的沙漠都有仙人掌。仙人掌主要产在北美洲。

还不碍事

5头大象

我

　　"为什么那图标标的是'丛林'？"我问。

　　"好，让我来告诉你，"亚利桑那·乔回答说，
"我来的那个地方长满了萨瓜罗仙人掌。另外，也有
其他种类的仙人掌。"

　　"但那里依然是沙漠，对吗？"我追问道，"尽
管那里也有许多植物？"

　　"是的，索诺兰沙漠，雨量稀少，但是瞧这
儿，"乔指着仙人掌说，"这个茎又粗又壮，它在

　　★萨瓜罗（Saguaro）——原产墨西哥和美国亚利桑那州，加
利福尼亚州。幼株圆柱状。株龄可达150—200年，成熟植株高达12
米。——译者注

那里储藏了丰富的水，而且一旦有机会就吸水，那些茎上的鼓棱都可以膨胀起来，形成更多的空间来储存水分。"

"那地方几乎不下雨，那么植物怎么会得到那么多的水呢？"本·李问道。

乔眨了眨眼说："萨瓜罗仙人掌很有本事！它的根可以扎到地表以下很深很深的地方。明白吗？"

我们明白了。我的意思是说，真的看明白了。当我们朝着他手指的地方往地下看时，地板忽然消失不见了。实际上，地板并不是真的消失不见了，或者说我们的地板一下变成了透明的，我们可以透过它，观察下面的情况。

这些根可以伸到15米深的地方，所以每当下雨时，它们就能把降下的每一滴雨水都吸进去。

　　"真是太聪明了，" 米娜说，"可却不太招人喜欢，那个就是你说的逗人喜爱的东西吗？"

　　亚利桑那·乔指向仙人掌的顶端，"看仔细了。"

　　起初，我们看不出有什么怪异的地方。但是，后来……

　　"瞧！"个头儿最高的戈登叫起来，"往上看，那上面有个洞！"

这些小啄木鸟住在萨瓜罗仙人掌里面，它们的父母出去给它们找食物去了。

啊！真是太可爱了。

　　"嘿！那儿又有一个洞！"海瑞克用手一指。

　　"我看，这个倒挺招人喜欢的！"米娜向前挤过来。

　　"那是个啄木鸟小人国吧？"

　　"不是什么小人国，"乔说，"那是长成了的姬鸮。"

　　米娜对着它啾啾地叫了几声。姬鸮飞下来落到她的头上。

35

"如果它整天不吃东西，到夜里一定很饿吧？"妮塔皱了皱眉，问，"是不是该吃午饭了？我饿了。"

"你总是喊饿！"海瑞克和米娜异口同声道。

斯柯彻小姐看了看手表。"妮塔说得对，"她说，"是吃午饭的时候了。"

"那么，我先走了，亲爱的女士。"亚利桑那·乔说着对她眨了眨眼。

我们大家一齐喊起来，"噢嚯！"

然后，他对我们大家也眨了眨眼，说："再见！"

哟！仙人掌一下都消失不见了。

斯柯彻小姐让我们去取午餐盒饭。当我们转身打算和乔道别时，他已经不在了。

"快点，我都要饿死了。"妮塔着急地催促着大家。

啄木鸟

苔丝·泰勒 作

啄木鸟用它的尖嘴在萨瓜罗仙人掌上面挖洞。

高高的鸟巢可以使它远离敌人的侵害。

尖利的爪子使它能够"挂"在仙人掌上，坚硬的尾巴像又长出的一条"腿"帮它支撑住身体。

汁液丰富的红色仙人掌的果实——是它的食物。

啄木鸟的蛋在洞里挺凉快。

小啄木鸟也很凉快。它们是不是很可爱？

雾 与 花

"斯柯彻小姐，你的地球仪好像有点儿不对劲。"海瑞克说，"这黑糊糊的一块靠近海边，所以它不可能是沙漠，对不对？海边的降水量相对较大——至少，我们到过的海边是这样的。"

非洲

纳米比沙漠

"啊哈，可怜的海瑞克，"斯柯彻小姐拍着她的肩膀说，"那黑糊糊的一块是纳米比沙漠，它是一块沿海的沙漠。弗莱迪，把我的沙袋递过来，好吗？"

沙袋看上去很重，即便对大块头儿弗莱迪来说，还是重了点儿。他和斯柯彻小姐每人打开一个袋子，并向地上倒沙子。弗莱迪的袋子很快就空了，斯柯彻小姐还在继续倒，直到沙子堆得与她的书桌一般高。

我突然感到很暖和，一切看上去都是雾蒙蒙的。

我揉了揉眼睛，怎么回事？

纳米比沙漠靠近海边的地方不太热。从海上吹来的潮湿的空气到达那里时，就凉了下来，变成了雾。

这样的湿度刚好适合那里的生物生存——甚至那些零零星星的植物。它们从雾里获得所需要的水分。

"它们是怎么获得水分的？"我问道，"也不能喝雾呀！"

"它们已经适应了在有雾的条件下生活。"斯柯彻小姐向下瞥了一眼，"当心脚底下，苔丝。"

"哇！"我向后一跳。一条绿色的像蛇一样的东西向我"爬"来，另外一条朝露茜·李"爬"去。

千岁兰*的两片叶子能够长到2米长，它们能吸收雾里的小水珠。而又长又粗的根可以把水分储藏起来，所以，千岁兰很长寿，能活好几百年。

这是根。

这是叶子。

威尔用胳膊肘捅了我的肋骨一下，指着地上说："快瞧！"

是一只甲壳虫！它几乎和我的大拇指一般大，在雾里，正稳稳当当地朝小山丘爬去。

★千岁兰（Welwitschia）——产于非洲西南部沙漠，主根深，形似大萝卜，直径0.6～1.2米，露出地面0.3米。茎圆锥状，基部生有一对扁宽的带状叶子，顶端常残损，残余部分长约3米。——译者注

"不必担心，威尔，"斯柯彻小姐说，"那是只甲壳虫，它生活在纳米比沙漠。现在它脑子里只有一个念头：水！"

甲壳虫终于爬上了沙丘顶部，它转过身子，面向朝它滚滚而来的大雾，并把尾部伸向空中！

"它在干什么？"我问。

"当雾接触到它的温暖光亮的后背时，"斯柯彻小姐回答，"就变成了水滴，朝甲壳虫的嘴边滚下去。"

"就好像当你在厨房窗户附近用壶烧水时，你妈妈总唠叨怎么会有这么多冷凝水。"

"完全正确。"

我仔细琢磨了一番："海边沙漠的情况我明白了，但是更靠近内陆的沙漠又是怎样呢？如果云和雨从海上吹到内陆——"

"就像我在度假时那样。"海瑞克说。

"——为什么它们不继续向前,把雨下到沙漠上?"

斯柯彻小姐莞尔一笑。"问题提得好,苔丝!"

我的脸一下子红了,烫得简直可以在我脸上烤面包了!

"看看窗外。"她说。

操场和整个城市一起消失不见了。

那些云正被吹向内陆,"斯柯彻小姐说,"看看会发生什么?"

当云彩遇到山峰时,变成了一阵暴雨。而一旦越过最高的山脊,就成了一团团白气,遇到一股股热浪,然后慢慢地消散而去。

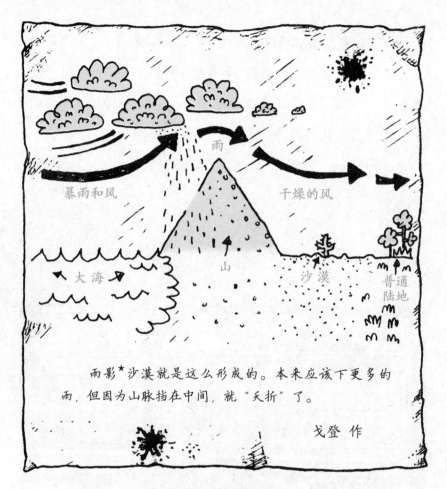

雨影*沙漠就是这么形成的。本来应该下更多的雨，但因为山脉挡在中间，就"夭折"了。

戈登 作

"那么，如果没有山脉的阻挡，沙漠又该什么样呢？"露茜问道。

"像戈壁，"斯柯彻小姐说，"是要走很远很远的路才能到达的内陆。当从海上来的风到达那里时，早已把它所携带的雨都下光了。"

"但当沙漠有雨时，它会不会像这样，把雨都吸

★雨影（rainshadow）——地形障碍物（如山脉）的背风面，该处降水量比迎风面小得多。——译者注

到地里面？"本说着，把腮帮子嘬了进去。

"有时候是那样的，"斯柯彻小姐回答，"并且有时候，水也像风一样，能够改变土地的面貌。你们谁离盘子最近，把左手最上面的那个盘子递过来好吗？"

我离得最近。那个盘子里满是小石头和尘土。我正要把它们倒进垃圾箱里，可还没来得及倒，斯柯彻小姐的目光就像跟踪导弹一样紧盯着我。

"别倒！我还得用呢！"她在包里摸索着，掏出一副蛤蟆镜。"你们得戴上这个。"她一边说，一边把蛤蟆镜扔给我。然后，她又掏出了一副，给了卡瑞·玛什。当有飞碟冲过来时，她总是冲在最前面。

斯柯彻小姐一次又一次地把手伸进她的包包里。"足够你们大家戴的。"她说。

我戴上我自己那副，盯着米娜看。

当我向盘子里望去，竟惊得几乎向后倒去。"快来看呀！"我喊起来。这时，其他人都朝我身边挤了过来。

突然，一下子鸦雀无声，安静下来……然后……

44

我们好像真的到了那儿，我是说，到了沙漠里。至少，叫人感觉我们是在那儿，并且完全是置身其中的样子，所以这一定是——真实的现象！

我们真的冲了冷水浴。大家都很热，浑身都湿透了，一点儿也不介意。雨水刚一落下，几乎就被大地

吸干了。当雨停下来的时候，斯柯彻小姐说："大家看呀！"

我们大家都转过身去。戈登碰了我的脑袋一下，当我把蛤蟆镜整理好时（并且嘣地弹了他蛤蟆镜后面的橡皮筋一下），已经稍稍迟了一些。斯柯彻小姐让我们大家看她的手表。只见她的手表上的大小指针在不停地转，转呀，转呀，越来越快，直到我的双眼一片模糊。

"发生什么事了？"威尔叫道。

"时间正在逝去，"斯柯彻小姐说，"我们正向未来进发。"

威尔像透不过气来的样子，哽咽着问："未来？"

"从现在起未来的几周，"斯柯彻小姐说，"哦，我的意思是说从那个时候……从我们开始的那时候算起，如果你明白我的意思。"手表的指针渐渐地慢了下来。"快到了……快到了……好！"她高喊。

她手表上的指针一齐停住了。

你简直用一束黄水仙花就可以把我打一个跟斗！光秃秃的，尽是石头子的沙漠上铺满了鲜花！

"怎么回事？本来啥也没有的地方，怎么会突然长出这么多花来？"

花子儿早就种下了。它们静静地躺在那儿，许多年了，一直等候着天降甘霖。当然，要它们开花，还得花一点时间。我们只不过是使花开得快一点罢了！

46

　　当我们摘下蛤蟆镜，眼前就又是我们的教室了。一切都恢复了正常——如果你可以把皮克尔山小学称为正常的话。

可怕的岩石

所谓的正常不会保持很久的。米娜头一个注意到了教室里的墙。

"它们在变，"她缓慢地说，"变成坚固的岩石。"

47

大家都立刻安静下来，多数人都把嘴张得老大，你甚至可以看到他们嗓子里有东西在颤动。

　　我是头一个爬到上面的，因为我穿着运动鞋，其他人紧跟在我后面。即使这样，当我直起身来时，发现斯柯彻小姐已经在我身边了。她深深地吸了一口气："这里挺壮观的，不是吗？"

　　的确很有趣。我们仿佛置身在一片石滩之中。或许你会以为平淡无奇或很枯燥无味，事实并不是那样。那形状古怪的岩石，就好像是有人雕刻出来的。有的像矗立在工厂里的高高的"烟囱"，有的像巨大无比的石"蘑菇"，甚至还有的像嵌在巨大的石墙上的"窗户"。

　　"它们就像雕塑一样。"我说。

　　"从某种意义上来看，这正是它们的真面目。"斯柯彻小姐说，"风和水就像是雕塑家。""但是，风怎么能雕刻岩石呢？"妮塔问道，"风，让人感觉就像……嗯，就像新鲜的空气。它怎么能对付得了那坚固的岩石呢？"

　　"风有帮手呀！"斯柯彻小姐答道，"这儿没有很多植物来把土壤固定在一起，因此，风把松散的土块、沙子、砾石和石头卷起来，并使它们击打岩石的表面。久而久之，就把岩石较为松软的地方给'吃掉'了。"

　　"这就叫做侵蚀。"威尔颇为得意地说。

　　"嗯，很不错嘛！"斯柯彻小姐对他嫣然一笑。

48

"哇——嘿！"丽姬对着他的耳朵小声说，"珊迪喜欢上威尔了！"

他踹了她一脚。

风的杰作 海瑞克与采娜 合作

小尖顶

地垛

蘑菇石

孔状石

桌子山

风造就了这些奇形怪状的岩石。这就是力量！

"我家的花园正好在一块坡地上，"威尔说，"我爸爸担心雨水会把他的草莓畦给侵蚀掉。"

看来，威尔凡事忧心忡忡的秉性的确是遗传的。

"水当然也很有力量了，"斯柯彻小姐说，"如果把一年的雨量集中在几分钟之内降到一片石滩上，那么，这些雨水会流到哪里去呢？有谁知道？"

"被吸进去了吧？"阿妮试探着回答。

"什么？光秃秃的岩石能把水吸进去？"我说，然后就向下跳进了冲沟。

这是不是水把地里面的软土给冲走了的结果呀？

斯柯彻小姐还没来得及开口，海瑞克插上一句，说："我知道——雨水把土冲跑了，直到为自己弄出一个通道——"

"并且每次下雨时，这种通道变得越来越深，直到看上去跟这冲沟一样。"米娜接过海瑞克的话茬儿，"对不对？"

完完全全和我想的一样——如果有机会，我也露一手该多好呀！

每个人都跳下来，站到我旁边来了，除了斯柯彻小姐。

　　"你们认为，下雨时冲沟里是个好去处吗？"她问。

　　"绝不是的！"露茜·李答道，"你会把脚弄湿的。"

　　"听，"斯柯彻小姐说，"那是什么？"

　　一阵微弱低沉的隆隆声从远处传来。声音越来越大。我们慢慢转过身，沿着冲沟望去。

那情景实在是太可怕了！大大小小的石块翻滚着，与滔滔大水一齐冲来。如果我们动作稍慢一点儿，就可能被撕成碎片。除了逃跑以外，谁有办法能逃过这汹涌的大水呢？

就在水刚要冲到我们身边那一刻，我们连滚带爬地登上了一个土岗子。我发现眼前居然有一块扁扁的口香糖正躺在蓝色的地板砖上。

我们大家重新回到了教室。

嗬！我这辈子从来没给吓成这个样子过。可怜的威尔仰面朝天，躺在地上，像一盆果冻那样颤颤悠悠地抖个不停。我扶他站起来，我们互相拍打着，好弄掉衣服上的灰尘。我们真的浑身是土，个个像泥猴。

"阿——嚏！"一丁点儿灰尘都受不了的我打了一个大喷嚏。奇怪，我周围的每一个人也都打起了喷嚏。幸运的是，我口袋里总是装着满满的纸巾，大家都知道这一点。在斯柯彻小姐给大家作出解释的空当，我把纸巾一一递给大家。

"那是洪水泛滥。光秃秃的岩石地不能把水吸进去，所以水就沿着它可以找到的每一条通道冲刷下来，并把通道上的所有东西都冲跑。威尔，就在你问问题之前——不过那不会发生在你爸爸的草莓畦的！"

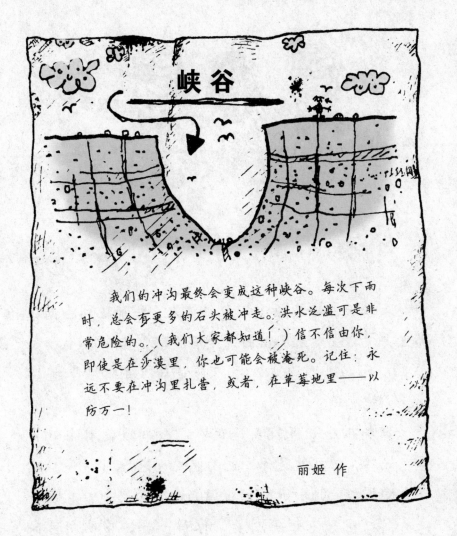

峡谷

我们的冲沟最终会变成这种峡谷。每次下雨时，总会有更多的石头被冲走。洪水泛滥可是非常危险的。（我们大家都知道！）信不信由你，即使是在沙漠里，你也可能会被淹死。记住：永远不要在冲沟里扎营，或者，在草莓地里——以防万一！

丽姬 作

大漠中的图阿雷格人

第二天，斯柯彻小姐匆匆跑来，叫妮塔到存储柜那里去。"去看看那里面是否有图阿雷格人。"

"什么？图阿蛋？图阿蛋是什么东西？"妮塔问，"能吃吗？"

斯柯彻小姐开玩笑地说："我知道你有个好胃口，妮塔，但就算是你，也不能吃那东西！"

妮塔疑惑地打开了橱柜门，向里面望去。

"哎呀！"她尖叫着，像箭一样，嗖地向后撤去，"这里面确实是有东西！"

我们大家都不由自主地往后挪了挪，除了丽姬。没有什么东西能吓着她！她把柜门拉开，"那不是什么东西，"她说，"是个人。"

一只咖啡色的小手，伸到柜门边上，随后出现的是一张笑脸，长着一对熠熠发光的大眼睛。

"是查拉,"斯柯彻小姐说,"她是生活在撒哈拉大沙漠上的图阿雷格家族的一员。"

大家好!我想带大家跟我一块儿到我家乡玩玩。但是,你们首先得穿上我这样的衣服。

突然,潘妮·怀特高兴地旋转起来。"太棒了!"她穿着一件袍子样的东西,脚上还穿着拖鞋。

嘿!我们大家的穿着也都和她一样!

男孩子们个个都很亢奋。查拉说,在撒哈拉大沙漠,普通衣服穿不了多久就顶不住了。

你穿上它,就像礼服大衣,弗莱迪!

你的更漂亮!

我们跟着她钻进了存储柜,然后,又进到一个低矮而宽敞,可非常闷热的帐篷里。帐篷似乎太小了,容不下我们这么多人。不管怎么说,最后,大家一个不落地都进到里面去了。

"这里面简直就像一只烤炉。"米娜有些不耐烦了。

"穿着这衣服好累赘,"弗莱迪说,"我要把它脱下来。"

"你还是先检查一下大袍子下面穿的是什么吧!"海瑞克说。

弗莱迪顺着大袍子的领口向里一瞥,脸唰地一下子红了。我们大家也都跟着往袍子里面瞧了瞧。不好!我们原来的衣服都跑到哪儿去了?

查拉撩起了帐篷的一角。太阳泛着金黄色的光芒,看不到一片云彩。"穆罕默德!"她高声叫喊。

一个小男孩向帐篷跑来,往里面望了望,说:"你们好!"

"这是我弟弟。"查拉介绍说。

穆罕默德走开了,他在帐篷外面叫着什么人。"妈妈,你猜查拉干了些什么!"

"噢,不许这样!"一个女人的声音说道,"千万别告诉我又是满满一帐篷人!"

一个用蓝色布包头的男人走进了帐篷,后面跟着一个遮着面纱的女人。

"斯柯彻小姐,"那男人说,"非常高兴又见到你了。欢迎大家!我是马利克。大家请喝点茶吧。"

他好像在笑,他的头用布包着,我们只能看到他的眼睛。他和我们一一握手。"和我们一起吃点东西吧！"

查拉的妈妈亚斯敏，看上去有一些不耐烦。我能够理解她为什么会这样。我妈妈说，只有经历过苦难和贫穷的人才会那样的。

查拉的爸爸要为全班的人准备饭菜。

"看见了吗？"查拉说，"我们大家都穿着棉布袍子。"

"如果我们不穿这种袍子，"马利克说，"太阳就会把我们晒伤。大家都叫我们蒙面人。"

"这就是头巾。"说着，穆罕默德扔给弗莱迪一块蓝色的布，大约有6米长，"等我长大成人，就得戴它了。"

弗莱迪本想接住头巾，可那块布出溜一下，从

他手边滑过，绕呀，缠呀，在他头上包出一个穆斯林男人的标准缠头，他的整个面孔除了眼睛，都给包了起来。

逗得亚斯敏哈哈大笑，差点把两个煮茶的锅摔到地上。

"图阿雷格男人任何时候都要戴头巾，"马利克说，"这是我们的传统。"

"吃东西的时候也戴吗？"妮塔痴痴地问。

"是的，吃东西时也一样。戴上它，就不怕把脸晒伤了，也不至于吸得满嘴都是沙子。瞧，我妻子她平时就用面纱把脑袋罩住，有风的时候，她就拉过面纱，遮住整个嘴巴，就像米娜现在那样。"

我那么做了吗？

马利克笑着告诉我们，"明天我们就要搬走了，所以我说你们今天来得正好，是不是，亚斯敏？"

"说的是。"她回答道，可她那语气，就像我妈妈有时不愿说出实情，但又不想伤了别人的面子时的腔调一样。

"你们为什么要搬家呢？"戈登问道。

"我们是游牧民族呀！"马利克说，"我们不能总待在一个地方啊！"

牧 民

海瑞克 作

游牧民族过着不定居的生活。一旦牲畜们找不到足够的牧草，他们就得搬到另一个水草肥沃的地方。他们的帐篷很容易搭建，也好拆分，便于携带。

查拉一家已经整装待发了。

罗杰搬家公司

我们也收拾停当，准备出发了。

　　我们每人都喝了三小杯茶。那茶热乎乎的，很甜，里面还放了薄荷。海瑞克讨厌喝茶，斯柯彻小姐说她应当尝尝。"拒绝人家的茶是很不礼貌的。"她对他耳语道。

　　穆罕默德把我们几个领到外面。

　　现在我明白为什么这大布袍子是沙漠里最好的装束了。因为空气能够在袍子里面流动。如果穿牛仔裤或T恤衫，我们非被烤熟了不可。

　　亚斯敏拿着一摞碗和一个小坐垫走了出来。加莉·玛什的目光一下子被她的银手镯吸引住了。

　　"能让加莉试试你的手镯吗？"查拉代她说出了

心里话。

亚斯敏把手镯递给她。加莉接过来，套到自己的胳膊上。"我好喜欢银饰品。"她说。

"我也是，"亚斯敏说，"好多图阿雷格人都是出色的银匠。"她又骄傲地加上了一句。

这就是沙漠啊！

戈登很好奇，他想知道他们在这里住多久了。

"好久，好久，好久了，"穆罕默德说，"大概有19天了吧！"

"19天？"我诧异地张开大嘴，大声问道，"我在我们家那儿一住就是好多年呀！"

"我说，如果草没了，你们用什么喂养你们的羊群呀?"他好像和我一样惊讶,"难道你们不需要常常搬走,去寻找新的牧场吗?"

我意识到,他对我们如同我们对他们一样,知道得很少很少。"我们不养羊,"我说,"我们只养狗和猫。"

听了我的话,他仿佛要吐的样子。我还没来得及问他是为什么,查拉就走过来说:"牲畜对我们来说至关重要。"

这时,刚好妮塔在叫我,于是,我过去想看个究竟。

"咱们去问问亚斯敏,是否需要我们帮她做饭。"

"噢,太棒了——下厨烧饭,而且是在沙漠里,好主意——我怎么没想起来呢?"

妮塔去问她,可亚斯敏却做出了一副假装要昏过去的颇为夸张的动作,说:"对不起,我不习惯别人帮厨!"

实际上,这儿也根本用不着帮厨。我们只要在火上烤制一种饼子似的东西就行——当然了,是在帐篷外面。我俩偷偷地往装有做饼子用的原料的碗里瞄了一眼。

"唉!可真饿死我了!"妮塔说。

我已见怪不怪了,可我实在没想到,就连那做饼子的原料也能勾起她的食欲——那只是一堆黏黏糊糊的面糊啊！"那些食物不够大家分的吧！"我有些担忧。

亚斯敏笑着说："别担心，多着呢！"食物的确不少！我手捧着一只罐子为每个人倒了一碗羊奶。那罐子真神奇，好像里面有倒不完的奶，永远都不会倒干！弗莱迪和阿妮为大家递过一碗椰枣。我很喜欢椰枣。大家欢呼着接过烤饼，我却觉得那饼子里，既没有糖浆，又没放糖，也没柠檬，吃起来味道可不怎么样。而妮塔居然吃了两个。

"你们吃肉吗？"妮塔问。

"有时候吃。"查拉回答。

"可你们这里连商店都没有，到哪儿买肉呀？"威尔好奇地问道。

查拉的手指了指她们的羊群。威尔这才知道，他们吃的肉根本不是从超市买的——而是那群在帐篷外用四条腿走来走去的家伙，这使他心里很不是滋味。

他问："你们就吃自己养的动物吗？"

"当然啦，难道你们不是吗？"查拉反问。

现在我终于明白为什么刚才我说我们养狗和猫时，穆罕默德会觉得恶心了。

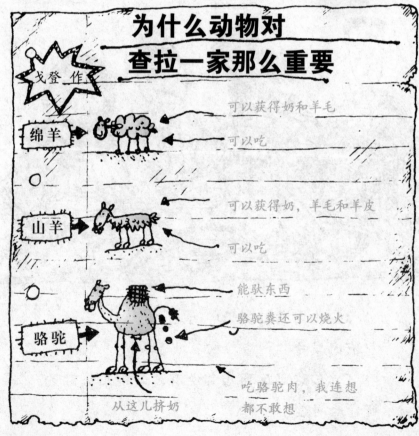

为什么动物对查拉一家那么重要

戈登 作

绵羊　可以获得奶和羊毛　可以吃

山羊　可以获得奶，羊毛和羊皮　可以吃

骆驼　能驮东西　骆驼粪还可以烧火　从这儿挤奶　吃骆驼肉，我连想都不敢想

"查拉，去拿点水来。"马利克喊道。

她上哪儿去打水呢？这里根本看不到河呀！"我也去！"一想到要穿越茫茫的沙漠，我就激动不已。我向同学们挥手告别，跟着查拉出发了。

我们只走了12步，查拉就在一棵树下停了下来。她从低矮的树枝上解下一个不成形状的袋子。然后，我就又跟着她回到了原处。大家都装作没看见似的，忍着没敢笑出声来。

"旅途愉快吗？"弗莱迪笑着问我。

他们就是用那些袋子存水的。

"我们把东西挂在树上，牲畜们就够不到了，"穆罕默德告诉大家，"我们把水注入羊皮袋子里，而且要随身携带。"

马利克告诉我们，他们会尽量选择靠近水井或有泉眼的地方扎营，但并不能保证每次都那么幸运。

"那样的话，我们就只能每天走很远的路去取水了。"

"你是说，我去取水吧！"他妻子一脸的不服，"你最近一次去打水是什么时候？还记得吗？"她转向我们又说，"打水的活儿总是妇女们去干的。"

"你们不去购物吗？"露茜·李问。

"有时候，我们在一个城镇附近停下来，在市场上用我们的奶酪、鲜奶去换钱或者食物。"查拉说。

"遇到商队时，我最乐意干这种事了。"穆罕默德接过了话茬儿。

"什么？在沙漠里？"海瑞克一脸的好奇。

我不觉笑道，"不是你所想象的那种商队，是驼队，是不是，穆罕默德？"

"一整队的骆驼，满载着货物四处做买卖。驼队的头头儿天南海北，哪儿都去过。等我长大了，就要当个驼队头头儿。"穆罕默德颇为得意地说。

我四下里瞧了瞧，疑惑地问："难道你不怕迷路吗？没有地图或者路标，你怎么辨别方向呢？"

亚斯敏说这里还是有一些地标的，如山脉啦，直刺天空的岩石啦，一丛丛死亡的树木啦，等等，都可以帮助你识别道路。"马利克还能根据太阳和星星来识别方向呢！"她说。

我想，如果你在沙漠中生活了足够长的时间，晚上没有电视可看，你很快就会知道那些供人辨别方向的星星是什么样的了。一旦没了星星，那就真的没什么可看的了。

斯柯彻小姐漫步走出了帐篷。"在沙漠里，你是不愁找不到星星来引导你的方向的。"她的一番话让我记起了前几天关于沙漠为什么夜晚很冷的家庭作业。"是不是因为沙漠里没有云层遮挡星星的缘故？"

"不完全是这么回事，"斯柯彻小姐说，"我们居住的地方，乡镇也好，城市也好，地面光线太强，星星就看得不如这里清楚。沙漠的夜晚特别黑，星星就显得特别明亮。而且，你可以看到更多的星星。闭上你们的眼睛，从1数到5，然后再睁开。"

唔哦！白天一下子变成了——漆黑的夜晚。当你的双眼适应了这种黑暗时，就觉得仿佛有点点星光在闪烁，起初寥寥无几，渐渐的，就越来越多，估计有上百万个吧！

　　我们都闭上眼睛，开始倒着数数。于是，又回到了白天。查拉的妈妈说她得抽空收拾收拾，好准备搬家。

　　我拥抱了查拉，每个人都与查拉一家握手道别。然后，又钻回帐篷里。我肯定当时没看到那里有门，但我敢肯定在什么地方一定有一个门。因为我们大家一下子又都回到了教室里，而斯柯彻小姐正在关橱柜。

　　真奇怪，她又是怎样操纵这一切的呢？

风的杰作

　　第二天早晨，米娜抱怨说，拜访查拉一家时没有看到沙丘。

　　"撒哈拉沙漠大部分都是我们见过的那种石质平原，"斯柯彻小姐说，"那种平原叫做雷格，而你们所说的那种叫做尔格。"

　　米娜哈哈一笑，"妮塔会格外喜欢的，她总是吵吵饿。"

　　妮塔瞪大了眼睛："嗯？"

　　"尔格*和土豆条……"米娜说，"尔格三明治……尔格汉堡包……"

　　"噢，哈，哈，"妮塔说，"斯柯彻小姐，尔格是什么？"

　　"在阿拉伯语中是沙海的意思。撒哈拉几乎有1/4的面积是沙质荒漠。谁想看沙丘？"每个人都大

　　★尔格（erg）与egg（鸡蛋）发音相似，故米娜有此一说，故意与妮塔插科打诨。——译者注

声喊，"我！"

"好吧！苔丝，把那本书打开。"可她并没给我什么书呀！"书在哪儿？"

斯柯彻小姐微微一笑，"就在你鼻子底下！"

确实，我鼻子底下真的有一本书，就在我的课桌上！我刚一够到它，它就自动打开了，翻开到有沙子画面的那一页。

"这不是沙丘，"我说，"这只不过是一堆沙子。"

"那就是沙丘，傻瓜！"海瑞克说。

我瞪了她一眼，刚想说……但是，斯柯彻小姐插话道："苔丝说得对，沙丘是在风的作用下形成的，所以在风未起作用之前，我们这一堆沙子只能叫——一个沙堆。"这回该是海瑞克傻眼了，而我则不由得暗暗得意。

斯柯彻小姐让我把那本书放到地板上。"大家都过来！"她说。

随后，我们都站起身来，椅子啦、课桌啦都静悄悄地向后挪去。噢，几乎算是静悄悄的吧。

我们刚一转过身来，那本书就一下子"长大"了。我们教室里有很多大开本的书，可从来没有哪一本像这本书那样，足有一块地毯那么大。沙堆慢慢地漫过了整个书本。

哇噢！

"现在，我们需要点儿风。"斯柯彻小姐说。大家都不约而同地朝妮塔望去。她打嗝儿的技术可高了，整个英国都能听到。她很难为情，不过，还是打了个大响嗝儿。

就像假装没听见，斯柯彻小姐递给我们大家每人一根管子，那管子就像超大号的吸管。"我们来造个沙丘吧！"说着，她朝沙子上扔下一块大石头。

我就是风！

她向她那根管子里一个劲儿地吹气。慢慢地，沙子飘起来，漫过了石头，沙丘开始形成了。

"多像弯弯的新月！"戈登说。

"或者说像新月形的面包！"妮塔总是一张口就离不开吃。

海瑞克、弗莱迪和我一起试了试。

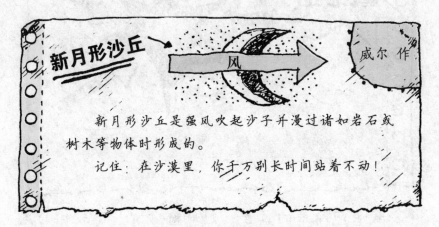

新月形沙丘是强风吹起沙子并漫过诸如岩石或树木等物体时形成的。

记住：在沙漠里，你千万别长时间站着不动！

沙子又恢复了原状。接下来，斯柯彻小姐让妮塔、米娜、潘妮、戈登和威尔从同一方向吹气。很快，一个长长的沙脊形成了。

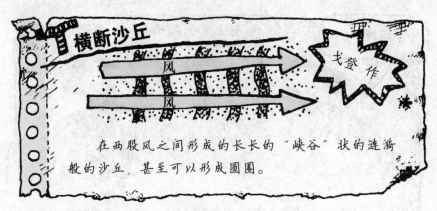

在两股风之间形成的长长的"峡谷"状的连猗般的沙丘，甚至可以形成圈圈。

　　沙子再次恢复了原状。斯柯彻小姐叫我们五个人跪下来，围成一个圆圈，大家一齐吹气。我们都鼓足了腮帮子使劲地吹。

　　"多像一颗晃动着的星！"海瑞克说。

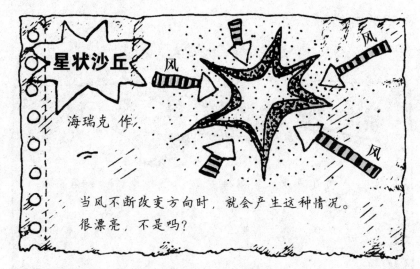

星状沙丘

风　风　风

海瑞克 作

当风不断改变方向时，就会产生这种情况。很漂亮，不是吗？

　　我坐回原来的位置，想好好欣赏一下我们的杰作。糟糕的是，我觉得鼻子痒痒的要打喷嚏，赶紧把手伸进衣袋里去掏，可掏出了所有的东西，就是没找到纸巾，太迟了。

阿嚏！

这真令人吃惊。

现在它真成了晃动的"星星"了。

"该轮到我来吹啦！"斯柯彻小姐吸了一大口气开始吹。她太能干了，似乎可以同时往两个不同的方向吹气。费了好大的力气，她的沙丘才"造"成。它有点儿像横断沙丘，只是曲曲弯弯的。

"剑形沙丘！"她宣告。

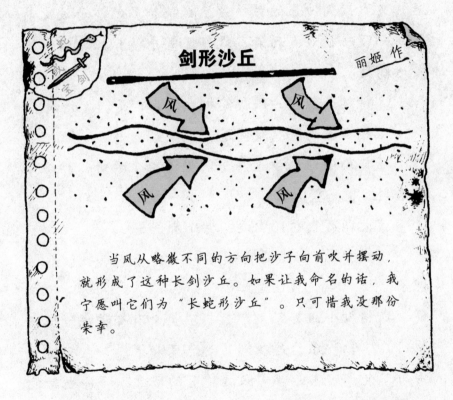

剑形沙丘

丽姬 作

风 风

风 风

当风从略微不同的方向把沙子向前吹并摆动，就形成了这种长剑沙丘。如果让我命名的话，我宁愿叫它们为"长蛇形沙丘"。只可惜我没那份荣幸。

斯柯彻小姐笑着问大家："想看沙丘是怎么样移动的吗？"

"想！"

"那好，我需要一个更大的沙丘。"

"我来弄一个。"我说。可惜太迟了，我的话还没说完，眼前已经耸起了一个漂亮的横断沙丘。

"好，我们来让它动起来！"

斯柯彻小姐开始朝沙丘的底部吹气。好家伙，她还真有本事！

沙子像用鞭子赶着似的，爬到了沙丘顶上，然后，又滚落到沙丘的另一侧。越来越多的沙子被吹动了，一股一股地涌动着，就好像整个沙丘在地板上缓缓地蠕动。

"持续而强劲的风就能把大沙丘挪走。"她说。

"能搬多远？"我问道。

斯柯彻小姐用步子在房间里量着，数着，时而停下来向后望一望。

"大约有我的10步远，但是那——"

"哟！"戈登插嘴喊道，"我可不想被沙丘活埋了！"

斯柯彻小姐笑了，"我想不至于有那种危险吧，戈登。尽管沙丘总是在挪动，速度却很慢。大概得一年的工夫，它才能挪那么远！有的沙丘，一年也就能移动25米左右。"

"噢，想象一下，一个20米高的沙丘在挪动！"妮塔夸张地说。

"那不算什么，40米高的沙丘，也是很常见的。"斯柯彻小姐说，"而且，还有400米高的沙丘呢！那是伦敦之目高度的3倍，甚至比埃菲尔铁塔还要高。"

回家时，我们的头发里全都是沙子。

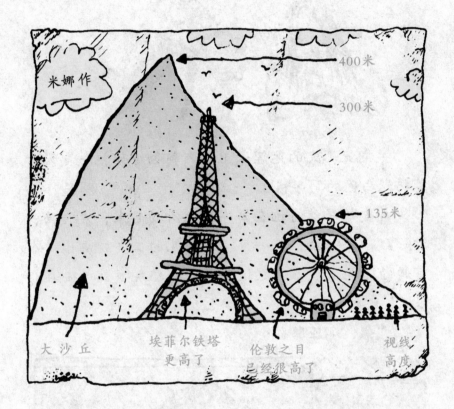

米娜 作

400米

300米

135米

大沙丘

埃菲尔铁塔
更高了

伦敦之目
已经很高了

视线
高度

沙漠之舟

　　星期五那天的地理课上，斯柯彻小姐把一支记号笔扔到白色的写字板上。

　　那支笔居然自己在写字板上滑动起来，左一画，右一画，上一画，下一画，一会儿的工夫就画出一个有趣的骆驼来。不可思议的是，那骆驼竟然……在眨眼睛！

　　"嘿，那匹骆驼……"

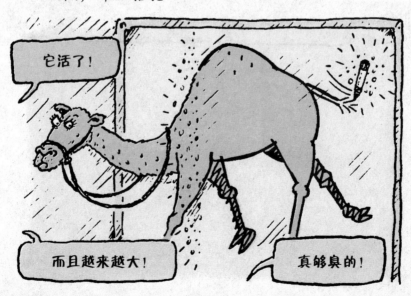

"很英俊！"骆驼自夸着竟从写字板上走了下来。

"在撒哈拉住上7年，身上的气味好闻才怪呢！"那骆驼变得跟真骆驼一样大了。

"你就住在那儿吗？"丽姬问。

骆驼眼球一转，"当然啦！我在那个地方一住就是7年。"

斯柯彻小姐轻轻咳嗽了一下："嗯，谢谢你，劳伦斯。"然后，转向我们说，"好好看看劳伦斯，孩子们。骆驼可不是一般的动物……"

"……它挺帅气的，"斯柯彻小姐急促地说，"你们和劳伦斯聊聊，看看有什么新发现。"她眨了眨眼睛，动了动嘴唇，好像要说什么，却没有出声，最后，她还是说了一句："要注意礼貌！"

我们几个径直走到骆驼跟前，威尔和海瑞克则有些害怕，不敢上前。

80

骆驼瞪了海瑞克和威尔一眼，龇了龇牙，显出一副桀骜不驯的样子。

"你的眼睫毛太漂亮了。"妮塔的一句话似乎使它得到了些许安慰。

它显得温柔了许多。"我知道。"它说。真会拍马屁！

"你那驼峰是干什么用的？"我问。

"它可是个宝库。"它解释道，"那里面全是脂肪。如果没东西可吃的话，我就只好消耗脂肪来补充能量。如果，驼峰变小了，你就能知道，里面的脂肪已被我用光了。有了这么一个宝贝，我就不必经常吃东西了。"

米娜不禁大笑起来，"妮塔吃得再撑，也不会长出一个大驼峰的！"

"你是单峰驼，对不对？"戈登问。

我是阿拉伯种的骆驼，人们叫我单峰驼。有两个驼峰的骆驼叫双峰驼。

脂肪消耗光了的时候，驼峰会倒下来。

"脂肪还是挺有用处的嘛！"

弗莱迪对劳伦斯又长又结实的腿发生了兴趣。

"我这腿一天能走100多公里路呢！"骆驼骄傲地说。

"你的关节可不怎么样，"露茜说，"结了那么多痂。"

劳伦斯用不友善的目光瞪了她一眼："如果换作你，也会这样的。你也不想想，一天到晚，如果不停地叫你一会儿弯下，一会儿直起来，然后，还会有人爬到你的背上去，把重重的行李放到你的身上，让你驮着，而且——"

斯柯彻小姐立刻插了进来，"劳伦斯工作得非常非常辛苦，我们不想让它累垮了，是吧？那好，今天就问到这儿吧！我们来把大家的发现汇总一下。"

81

82

劳伦斯要走了，大家为它让出了一条道，它吧嗒吧嗒地穿过房间。

"搞错方向了，不是那里！"格尔顿嚷叫着。

"你也不能穿墙而过呀！"

劳伦斯头也不回地嘟囔着："只有你才那么认为，自作聪明的家伙！"它快到墙的一瞬间，周围忽然变得模糊起来——它走了。

简直太奇妙了！

在沙漠中旅行

斯柯彻小姐把背包挎到肩上，手里抓着一瓶SPF55的防晒霜。"你们还等什么呢？"她一头向墙里面扎去，不见了！

其他人也慢慢地一个接一个地跟着她"走"了，我是最后一个。我紧紧地闭上双眼，当我感到自己在穿墙而过时，紧张得浑身发抖。"呜！"一股热浪突然向我袭来，一切都变得明亮起来。我们已然置身于撒哈拉的巨大沙丘之间！

斯柯彻小姐从她的万宝囊一样的背包里掏出了一摞帽子——每人一顶，帽子的后面还有一块遮帘布，能遮住后脖颈。我惊奇地发现我们大家全都穿上了裤子——不管我们来上学时是否穿着裙子。

"我想让我的双腿晒黑点。"潘妮·怀特说着就开始卷裤腿。可斯柯彻小姐只向她扫了一眼，那刚卷好的裤腿就被放了下来。

"如果没有防护，在撒哈拉沙漠，即便是很短的工夫，也会把皮肤晒伤的。"她把防晒霜递给我们，让大家好好地擦一擦，"你们还必须穿上袍子。"

"哪种袍子？"

"就是那些。"

我甚至连看都不愿看！

劳伦斯的背上搭了一个有很多花纹看上去很舒服的鞍子，挺不错的。

"卧下，劳伦斯，"斯柯彻小姐命令着，"大家看好了，骑骆驼要讲点儿技巧。"

劳伦斯卧了下来，四个蹄子蜷在身子下面，就像一只小猫。斯柯彻小姐爬上了鞍子，"好啦，走吧！"

85

劳伦斯发出一阵惊人的嘶鸣。不远处，就在原先我们教室所在的地方，传来几声回应的叫声。

一整队骆驼，迈着四平八稳的步子向我们走来，身后卷起一股股飞沙。

"嚯！"弗莱迪高呼道，"这些骆驼是给我们骑的吗？"

斯柯彻小姐点点头，"我们要进行一次沙漠旅行了！"

"什么？"丽姬问。

"去旅行。"斯柯彻小姐迫不及待地要带领大家出发了，"你们还在等什么？赶快坐上来。"

劳伦斯又是一声嘶鸣，所有的骆驼都卧下来。我们大家就要起程了。现在我明白为什么要穿裤子了，穿裙子骑骆驼会很不舒服的。老实说，我很庆幸我的双腿都被遮起来。威尔觉得这些骆驼的毛太脏了，没准就有什么活的东西藏在里面。而且骆驼毛上净是灰尘——要不了多久，我又要打喷嚏了。

"这也不太难，是不是？"看我们大家都骑上驼背，斯柯彻小姐说，"大家注意，看看劳伦斯站起来的时候，会怎么样。骆驼们……起立！"她命令道。

我们出发了！

骑骆驼可不像骑马。因为骆驼行走时，是左边两条腿一齐动，然后右边的一齐动，不仅如此，它还前后摇晃。

戈登的骆驼偏离了方向，独自向左边走去。

"嘿，别走丢了。"威尔吼道，可它们很快又回来了。

我们手里没有缰绳，只有一条拴骆驼的绳子。

"我们该怎么控制方向呢？"我很纳闷。

　　"太难啦！"戈登开始抱怨起来，"这种旅行可真够受罪的！"

　　"你们会适应的，"斯柯彻小姐喊道，"沙漠里的牧民们用腿和绳子就能指引骆驼朝什么方向行走，你们不用操心，它们会跟着劳伦斯的，劳伦斯特别的聪明……"

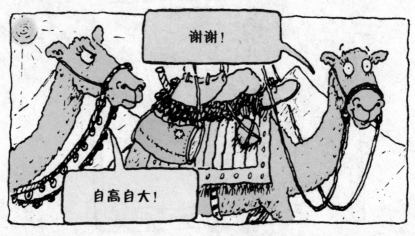

　　"我们上哪儿去呀？"我喊道。

　　"去前面的绿洲。"斯柯彻小姐大声向我回喊。我们继续往前走，一路颠簸着穿过一座座沙丘。

　　我们好像骑在驼背上走了几百年，刚爬上一座沙丘，又绕过一座沙丘。

　　"瞧！"凯瑞指着左前方高喊，"有湖！"

　　哇，那里看上去都让人感到凉快，可却还有好几里远呢！

　　"不好意思，"斯柯彻小姐说，"那可不是湖。"

那是海市蜃楼——天气特别炎热时，才会发生这种现象，那是光在"捣鬼"。你们看到的是接近地面的热空气反射到空中的景象。由于反射的景象是蓝色的并且闪烁发光，看上去就像水一样。如果这时正好有骆驼从那边走过，你就会看到它们像在涉水行进了。

89

我们绕过另一座沙丘，呈现在我们面前的又是一番惊人的景色。沙漠中矗立着一棵棵棕榈树，树下还有一池清水。这可不是海市蜃楼，是真的水！哇，酷极了！

沙漠中的绿洲

　　"现在你们可以下来了。"斯柯彻小姐宣布，"戈登，待着！别动！等骆驼卧下来再下！"

　　劳伦斯嘟囔着："我要是你，就把那顽皮孩子的腿给绑到一块儿！"

　　我发现，下骆驼要比骑上骆驼容易得多。

　　骆驼们迈着轻快的步子分散开了，它们要到池边去喝水。看来，口渴的不光是它们，刚一踩到地面，弗莱迪就像箭一样冲向水边。

让我也喝点儿！

"先别喝！"斯柯彻小姐尖声喊道。

"嗯？"水从弗莱迪的手指间滴了下来，"为什么？"

"这就是为什么！"我指着一匹在水池中撒尿的骆驼说，"水里面可能会有好多虫子。"

"千万要记住！"斯柯彻小姐郑重地告诉我们，"河里或湖里的水必须先煮10分钟，或者用专用的药品消了毒，才能喝。"

"就是烧开了，处理过了，也必须把所有昆虫的尸体过滤出去才行。"丽姬补充道。

威尔在他脚边发现了一个蜘蛛，吓得他往半空中蹿起1米多高。

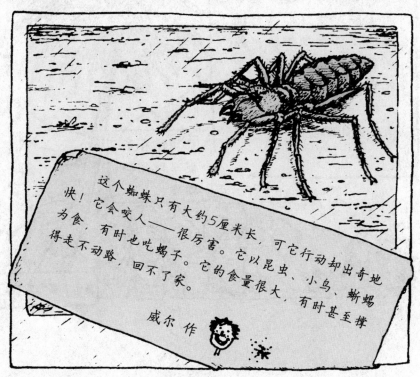

这个蜘蛛只有大约5厘米长，可它行动却出奇地快！它会咬人——很厉害。它以昆虫、小鸟、蜥蜴为食，有时也吃蝎子。它的食量很大，有时甚至撑得走不动路，回不了家。

威尔 作

　　斯柯彻小姐从那个无底洞似的万宝囊背包中又变出一堆瓶装水来。每人一瓶！

　　"省着点儿喝。"她说。

　　海瑞克已经喝了几大口水，他只好停下来不敢再喝了。他问："这就是全部……绿洲？所有的绿洲都是这个样吗？"

　　"所有绿洲都有水。"斯柯彻小姐说，"所以，植物、动物，还有昆虫都能在绿洲很好地繁衍生长。"

人也在绿洲生活得很好呀，围绕着绿洲，已涌现出了许多的城镇，因为只要有水，就可以长粮食，就像这些椰枣树一样。你们知道椰枣树有什么用吗？

你可以在圣诞节时品尝椰枣。

或者在查拉家里吃！

"戈登说得对，"斯柯彻小姐说，"圣诞节吃椰枣可是个老传统啦，尽管生活在沙漠里的人们什么时候都能吃到椰枣。"

"不一定非在什么特殊的日子才吃呀！"我说道。

大家都在小声议论着什么。斯柯彻小姐伸出双手，一盒子椰枣出现在她手上时，大家立刻不作声了。

她轮流给大家拿枣儿。

"这么一大堆！"妮塔高兴地敞开胃口，大嚼特嚼。

斯柯彻小姐点头说："一棵树上就能结好几百个椰枣呢！"

"椰枣树的树叶有什么用处吗？"威尔问，"那叶子看上去有大约5米长呢！"

"这个篮子就是用椰枣树的树叶编成的。"斯柯彻小姐回答，"还有什么其他的见解吗？"

"椰枣是一种果实，"戈登说，"因此，里面一定有种子。"

我们大家吃椰枣时都在不停地吐核，无可争辩，他说的是对的。

苔丝的椰枣树

果子：你不必等到圣诞节才吃。鲜枣和干枣都很好吃（干枣便于长途旅行时携带）。把枣核磨成面，可以用来喂劳伦斯。

叶子：可以编篮子，搭屋顶，或用它的纤维制绳子，你还可以用树叶做帽子。

芽：你可以吃生的嫩芽（除非万不得已）。

树干：木材可以用来做家具，盖小屋。

树汁：树汁是从树上流出来的，它可以作饮料。我宁愿喝我的瓶装水。

当我们参观绿洲时，最喜欢的就是它能给我们遮阳。如果你看到一棵椰枣树，那么你就必然知道附近一定有水。不过，千万别直接喝。

"种子可以发芽慢慢长成一棵新树，"戈登继续说，"这一点很有用。"

一直在打瞌睡的劳伦斯，这时候睁开了一只眼。"它还是我们骆驼的好点心。"它喃喃自语地说。

"如果你把树砍倒，你还可以把它当木材用。"我说，"可那样就捞不到果子吃了。"

"你可以等到树死掉以后再砍呀！"丽姬建议说。

斯柯彻小姐又点了点头，"是的，你可以等，但是你却必须等很长时间——这些树的寿命是我们人类的2倍呢！等待是对的，这种木材非常适用于建筑。"

我与阿妮一齐漫步到湖边。

"这水是从哪儿来的？"我咕哝道，"为什么就这一块儿地方有水呢？"

阿妮抬头望了望天，似乎指望能在我们头顶上找到一片乌云。

斯柯彻小姐一路小跑着也到了湖边。"这水可不是从天上来的，它是从地底下来的。这水可能是下雨时下下来的，但是在好多里地之外的地方。它被地表吸收，流经岩石的蓄水层。"

"什么是岩石蓄水层？"我问。

"阿妮明天会告诉你的。这是他今晚的家庭作

业。你们其他人也可以挑选自己喜欢的题目研究研

究，看看有什么新发现。"

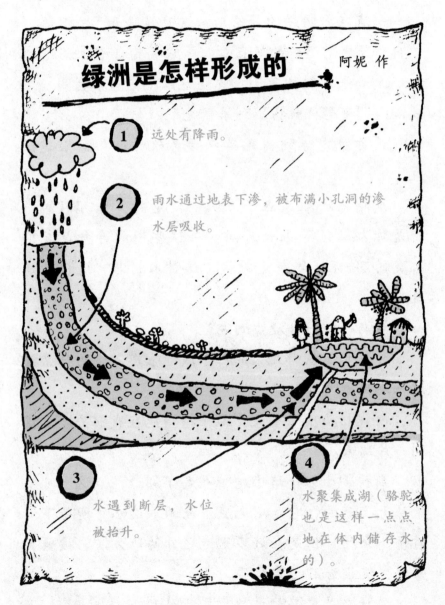

绿洲是怎样形成的　阿妮 作

1　远处有降雨。

2　雨水通过地表下渗，被布满小孔洞的渗水层吸收。

3　水遇到断层，水位被抬升。

4　水聚集成湖（骆驼也是这样一点点地在体内储存水的）。

"瞧！"阿妮惊叫。

一只美丽的黄白相间的小鸟擦着水面飞来飞去。

"那是沙漠松鸡，"斯柯彻小姐说，"一种非常有趣的鸟。"

"有趣，嗯？"我请求把它作为我家庭作业的题目。

这只雄性沙漠松鸡已经飞翔了大约20公里，来为它的"老婆"和"孩子"打水。它把自己的身体浸入湖中，它身上有一些特殊的羽毛，可以吸水。当它返回巢里时，它的"孩子"就吸吮这种羽毛里所含的水。所以，我要把它叫做水鸟！

苔丝·泰勒 作

每个人都搜寻作为自己家庭作业的主题生物。威尔不费吹灰之力就找到沙漠石龙子（小蜥蜴）。

威尔 作

沙漠石龙子身上长着光滑闪光的鳞片，它有一个尖尖的鼻子，可以用来挖洞。当它想要钻洞时，就会向下"游"到沙子中间，然后像鱼那样在沙子表层下面较为凉爽的沙子里钻来钻去。它吃什么？它把头伸出沙子外面去捕食那些美味多汁的昆虫。（它差点儿被我给抓住！）

弗莱迪遇到了一只蜥蜴，这一次，他终于向大家证实了他有多灵巧。如果不是他跑得快，那蜥蜴的尾巴就蜇到他了！

刺尾蜥蜴非常乐意在大白天出来闲逛。如果有敌人出现，它就会跑回自己的洞穴，把尾巴伸出穴外，像鞭子那样从这边抽向那边。

那能起作用吗？反正，我可不敢抓它的尾巴！

弗莱迪·费尔德 作

戈登什么活物也没有找到，相反的，一个活物却找到了他！

沙漠刺猬有一张尖尖的脸，一对大耳朵可以用来散热，还能保持警惕，以及时发现可吃的昆虫和吱吱尖叫的甲壳虫。穴居，身上长有许多刺。正是那刺，让我发现了它。

我和沙漠刺猬

戈登·巴德 作

没多久，我们又都骑上骆驼，踏上了归程。我骑的那匹骆驼，步子相当的稳健，坐在上面，我都快睡着了。一声吆喝，"噢，劳伦斯！"把我惊醒了，我立刻又直起身子坐了起来。

我们走到哪儿啦？这里除了一块巨大的砾石以外，茫茫一片，什么也看不到了。

所有骆驼都呼啦一下应声卧到地上。斯柯彻小姐跳下鞍子说了声"再见，劳伦斯！"就消失在大砾石后面。

大家都留在原地没动。

"我去瞧瞧。"丽姬自告奋勇地说。我们都下了骆驼，当她转到大砾石后面时，都跟了过去，但却与她保持着一定的距离。

"这儿没人呀！"丽姬说，"这一定是回教室的路。"她小心翼翼地向前摸索着。突然，传来丽姬尖厉的叫声，只见斯柯彻小姐的脑袋从大砾石里一下子"钻"了出来，说："快！5F班的同学！"

我们所要做的就是径直走到大砾石里面去。我合上双眼，我敢打赌，其他人也都与我一样。我浑身直哆嗦。当我终于敢把双眼睁开时，我们已经又回到了教室里。

这种校外的远足好刺激呀！

沙漠的秘密

一个星期的休息之后，我们大家又都欢快地回到了教室里。空中幻灯机已经准备就绪。

"请坐！"斯柯彻小姐的声音从教室后面传来。此刻，她正站在窗前，身上洒满阳光，看上去光灿灿的。

戈登吹了声口哨，潘妮嫉妒得脸都绿了，而本·李的眼睛瞪得简直就像两块圆圆的大硬糖。

斯柯彻小姐浑身上下挂满了珠宝。她头上戴着一个闪闪发光的头冠，耳坠像两串晶莹的葡萄，手上戴了好几个戒指，我虽没亲眼看见，但我敢打赌，她的脚上一定戴着漂亮的脚链。

　　我们都在课桌前坐了下来，眼睛始终没有离开那些闪闪发光的珠宝。

　　"挪到能够看到屏幕的地方去。"她命令。

　　我们仍然坐在椅子上，连人带椅子一起滑着、蹦着，弄出极大的噪声。等我们大家都安静下来时，窗帘忽地一下子关上了。

　　我坐在椅子上，把脚翘起来，伸到海瑞克的椅背上。幻灯机射出柔和的光，放映出一片沙漠的景象，我们好像又重温了一次撒哈拉之旅。然后，就变换成另一副样子——右边一条路——一条完好的沥青路——和一些低矮的普通房屋，还有机器。

　　我正打算问斯柯彻小姐这一切是否与她的钻石和珠宝有关系，一个人头从屏幕的一角伸了出来，大家都吓得大叫起来。

"这位是杰瑞，"斯柯彻小姐介绍说，"到目前为止，我们已经看到，沙漠非常辽阔，非常空旷——"

"也非常瘆人啊！"威尔插嘴道。

"但是沙漠里不光有动物啦、洪水啦、雨水啦，还有更多的东西，是不是，杰瑞？"

"是的。"他说。

斯柯彻小姐等待着。我们大家都在等待着。教室里安静极了，唯一能听到的恐怕就是妮塔肚子咕咕的叫声。

"杰瑞，"斯柯彻小姐首先打破了教室里的沉闷，"听说你在石油行业工作，对吗？在阿拉伯沙漠？"

"是的。"

斯柯彻小姐生气了——你瞧，她把两条腿交叉起来，一只脚一上一下来回地抖动着，就像一台高速运动的跷跷板。

她深吸了一口气，说："沙漠下面的岩石层里蕴藏着大量的石油。杰瑞他们的工作就是把石油开采出来，并通过巨大的管道输送到炼油厂。炼好的油可以在世界各地出售，对吗，杰瑞？"

"噢，是的。"他说。

"这使得那片土地的地主变得非常富有，对吗，杰瑞？"

　　斯柯彻小姐把她的椅子朝空中幻灯机那边推了一下。"我估计，你一定很忙，杰瑞，"她说，"不过，还是非常感谢你，一直这么样的帮助……并且给我们提供了那么多的信息。"

　　"啊，不客气，"他不好意思地说，"我的工作有点儿寂寞，所以，能和人聊聊挺好的。"

　　"这我可从来没想到过。"丽姬咕哝道。

　　"他过去一定很少说话。"斯柯彻小姐说着关上了幻灯机，杰瑞也随之不见了踪影，"他肯定再也不会来参加我的课了。浪费时间。"

　　丽姬转过话题说："他只顾盯着斯柯彻小姐，哪还顾得上说话呀！——我看，这才是真正的原因。"

　　大家都哄然大笑起来。

　　"她还没讲为什么会佩戴那么多钻石呢！"海瑞

克抱怨说。

听到了她的话，斯柯彻小姐神秘兮兮地笑了："对，'她'还没有讲呢！"

"石油真的能使人变得富有吗？"凯瑞问。

"石油真的使一些国家，比如沙特阿拉伯，变得非常非常富有，"斯柯彻小姐说，"这就意味着，可以为人们建造许多新的医院和学校。同时，它还意味着，由于石油矿藏陆续被发现，以前没有希望找到工作的人终于有了工作。"

"沙漠里还有什么其他的东西可以赚钱吗？"我问。

"下面我会讲到的。"斯柯彻小姐搓着双手，说，"许多年以来，铜、天然气、盐——一直在给人们创造着财富。"

"盐？！"丽姬诧异地喊了一嗓子，"用盐赚钱？你不是得到超市里去买盐吗？"

"沙漠里的盐矿有好几千年的历史了。"斯柯彻小姐朝窗框把手一挥，一下子把花盆底下的盘子抄了起来。"噢，亲爱的，"她把盘面朝向大家，说，"看清楚了？里面没有水。"

"如果有水，那才是奇迹呢！"海瑞克总是那么苛刻，"苔丝可是这学期的植物监管员。"我怎么从来不记得！

"下面，我们把这个盆子想象成一个古老而干涸的湖。"

"这很容易吧！嗯，苔丝？"海瑞克咯咯地坏笑着。

"突然，下起雨来，"斯柯彻小姐话锋一转，"湖里充满了水，看到了吗？"

斯柯彻小姐把盘子递过来，给我们大家传看。没错，这里面确实有一个"湖"！

米娜不解地摇了摇头。"真不知道她是怎么变出来的。"

"这和盐有什么关系？"凯瑞问。

"土壤里的盐与水混合到一起了，然后，太阳就在这里面做文章

了。"斯柯彻小姐走到窗前，把盘子端出去，放在阳光下面。"我们可以把速度加快点。"说着，她朝我们眨了眨眼。

30秒钟之内，水完全蒸发了，她把盘子取回来，给大家看——盐，盘底只剩下一层硬壳了。

我可不想把这种东西撒在我的炸薯条上。

"盐，可是沙漠里的大买卖。"斯柯彻小姐告诉我们，"在罗马时代，盐非常珍贵，士兵们发的工钱就是获准让他们买盐。他们叫它盐饷。"

海瑞克说："我妈妈是销售代表，她挣的是工资。"

"联系得很好，海瑞克！工资（Salary）这个词就是由盐饷这个词（Salarium）演变来的。"

"我妈妈的工资才不是呢，"海瑞克不满地说，"她是从劳资部领来的！"

米娜对她嗤之以鼻，海瑞克却根本没放在心上。

"沙漠里还有什么呢？"她问，"太阳能发电站把太阳能变成电能，然后再用电来进行灌溉。"

弗莱迪迫不及待地提出了我们大家都想知道的问题："什么是灌溉？"

"沙漠里的土地也可以用来种庄稼，"斯柯彻小姐解释说，"但需要很多的水来把荒漠浇灌成绿地。有了电，就可以把水从深深的地下泵上来了。"

灌溉

山中溪水

清凉

沙漠

地下水渠

水井

供维护工人进入地下水渠的垂直井

地下水渠把水从山上引下来，然后输送到沙漠中的水井里。水在井里还是冰凉的。

弗莱迪 作

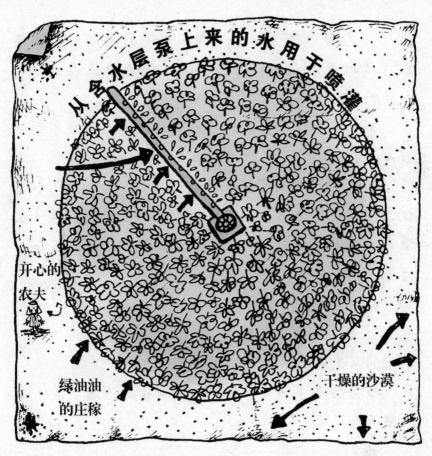

从含水层泵上来的水用于喷灌

开心的
农夫

绿油油
的庄稼

干燥的沙漠

　　这使我陷入了沉思。"如果沙漠变得更绿了，它们一定会变得越来越小，对吧？"

　　"恐怕不会的，"斯柯彻小姐说，"在很多地方，实际上是沙漠在不断地增长。造成这种现象的原因很多。你要知道，有的年份连最低的降雨量都保证不了。"

　　这让我想起了我们去过的图阿雷格。"如果像查拉那样的人让他们的牲畜吃光了所有的植物，那么地表就会变得更加干燥，灰尘满天了。"

"完全正确，"斯柯彻小姐赞同地说，"如果毁坏了附着地表的植物，那么风就会把土壤也一起吹走的。"

我不觉打了个冷战。"我喜欢沙漠，但我不希望沙漠再扩张。"

"人们正在试图阻止沙漠的扩大，"斯柯彻小姐说，"在某些地区，人们在沙地上铺上草毡，再种上灌木，或大量植树——目的就是要把土壤固定下来，防止它变成沙漠。"

"那要花很多钱吧！"戈登感慨地说。

"是要付出很高的代价，"她表示赞同，"但对那里的居民来说，土地实在是太重要了。"

戈登接着又问，"我们一直在谈论沙漠中最珍贵的东西，是吧？"

她笑了，"是——的。"

"你佩戴的那些东西是要为我们提供一些线索吗？"

"确实如此！"她把手镯晃得叮当作响，戒指闪闪发光。"所有这些贵重的金属和宝石都来自沙漠。这也就是你们的家庭作业——找出这些珠宝分别产自哪个沙漠。"

我们迅速聚拢到斯柯彻小姐身边，想看个仔细。这简直太令人难以置信了，这些珠宝竟然产自沙漠？差不多全是？！

穿越时空的戈壁之旅

星期三下午，斯柯彻小姐看上去的确非同一般。她穿了好几层毛衣，外面还罩了一件翻毛大衣。她往常只戴普通的单帽，那天却戴了一顶条纹状的皮帽子，就像我奶奶套在茶壶外面的保暖罩。

"这是我们上的最后一节课了——"斯柯彻小姐宣布。

我们大家嘀嘀咕咕地议论起来。

"——这回，我们要去走访一个与众不同的沙漠，还要对它的历史进行考证。"

斯柯彻小姐从背包里抽出一卷明晃晃的橘黄色的布带，还有一沓地图册。她把地图册分发给大家。"谁能把戈壁找出来？"

"噢，"凯瑞说，"那里的冬天冷得能冻死人，对不？现在我明白她为什么穿那么多的衣服了！"

斯柯彻小姐用别针把橘黄色的布带别在了那里。那布带顺势往下一滚，几乎垂落到地板上。风吹得它轻轻摇曳着。"既然你知道它在哪儿，戈登，"她说，"你就带路吧！"

"去哪儿？"

"戈壁呀！"

"哪儿？"

"走到橘黄色的丝绸屏幕后面去。"

"噢，太妙了，斯柯彻小姐！"丽姬激动地说，"戈壁——后面……哈哈！"

戈登犹犹豫豫地，丽姬把他扒拉到一边说，"我来领路！"她撩起了橘黄色的幕布，身子一闪就不见了。

113

真的消失不见了——甚至连你以为她可能藏在那里而弄出的绸子鼓包都没有。

我们大家一个接一个地跟了过去，并且踏上了一条疙疙瘩瘩的石子路，四周到处都是光秃秃的山坡。显而易见，这里就是戈壁了。天气非常的寒冷。谢天谢地，幸亏此刻我们都裹在又厚又暖和的皮大衣里。可那大衣不知是用什么皮毛做的，有股难闻的气味，实在让人想吐。

我们大家正抱怨着，斯柯彻小姐插进话来："身着毛皮是住在戈壁的人冬天最好的保暖办法。你们大家也都看到了，这里没处去买衣服，所以他们只好什么方便就用什么。"

"这就意味着动物们要倒霉了！"威尔伤感地说。

斯柯彻小姐舒展了一下纤腰，向小路上望了望，说："我们就要遇到卖东西的人了，商队马上就到。"

一想到要与商队不期而遇，我们真是兴奋不已——我记起来了，大沙漠里的商队就是驮着货物四处做买卖的驼队！

"多少匹骆驼就能组成一支商队？"戈登问。

大家都哧哧地笑着："这我们可不知道——多少匹骆驼能组成一支商队？"

戈登并没有笑。"喂，不是开玩笑，我是认真的。多少匹骆驼能组成一支商队呀，斯柯彻小姐？"

她耸了耸肩，回答："多少都行，3匹、4匹，到几千匹都行。嘿！它们来了！"她急匆匆地朝着一串长长的驮着沉重货物的驼队奔去。

115

　　我们大家都慢慢地跟了过去。商队的领头人停了下来。"你好呀，尊敬的女士！"

　　"你好！"斯柯彻小姐答道，"我带来一些年轻的旅行者想见见你。"

　　他向四周望了望："哎，你说的那些人在哪儿？"

　　"还没到呢！"斯柯彻小姐朝他嫣然一笑。

　　"看，来劲儿了！"丽姬说，"他的眼睛再也离不开她了。"她突然用命令的口吻问那领头人，"你是从哪儿来的？"

　　他这才把目光转向了她："真够泼辣的，姑娘！"

　　"噢，告诉我们吧！"斯柯彻小姐似乎央求着。

我们从东方的中国来，我们带了很多丝绸到西方去，它可以卖很多钱。

　　"你算得不对！"海瑞克机敏地说，"从公元前100年前算起，到现在已经有2000多年了。现在已经是21世纪了，你知道吗？"

　　那个人也不容分说："姑娘，是你搞错了。现在是1325年！"

　　大家慢慢转向斯柯彻小姐，眼睛瞪得有甘蓝球那么大，好像期待着她的裁夺似的。

　　"我们现在已经倒退历史600多年了，"她说，"我们正走在戈壁的边缘，这里就是著名的丝绸之路。"

　　弗莱迪特意向脚下看了看，嘴里嘀咕着："奇怪！这明明就是普普通通的土石路嘛！"

丝 绸 之 路 上 的 商 旅

客栈：一种沙漠中的"汽车旅馆"。它有一个宽敞的院子，四周围绕着许多房子，房间下面是马厩（夏天的气味会很难闻）。商人可以在这里过夜。

病人：他生病了，所以坐在篮筐里。这就是众人一起旅行的原因之一。

丝绸之路，有4000多公里之长。

商旅们可能带着：

① 来自中国的茶叶、丝绸、玉器

② 来自印度的香料

③ 来自非洲的黄金

④ 打好包的午餐

⑤ 更换的内衣

驼队头人把手伸进他的鞍袋里，抽出一条绯红色的长绸带，上面绣着一条深蓝色的龙。"一点小礼物，不成敬意，漂亮的女士！"他对斯柯彻小姐说。

丽姬故作恶心地哼了一声："我就知道，他爱上她了。"

斯柯彻小姐地脸唰的一下红了，红得可与那丝绸媲美。"哇！太谢谢您了！"

驼队继续赶路了。

斯柯彻小姐把绸带围到肩上，就像披披肩那样。"中国人把制造丝绸的秘密小心谨慎地保守了几百年，"她意味深长地说，"最终还是泄密了。据说，有一位罗马皇帝派了两个人到中国秘密地弄回了一些蚕，他们把蚕茧放在空拐杖里偷偷运出了国境。"

蚕和蚕茧

斯柯彻小姐 作

"蚕茧？为什么？"阿妮疑惑地问。

"因为每个蚕茧里都有一条蚕，所以罗马皇帝就可以自己养蚕了，而且每一个茧都是蚕吐的丝做成的。丝很结实，很细——100多个蚕茧缫出的丝才能做成一条领带！"

斯柯彻小姐望了一眼慢慢行进的驼队，继续说："到16世纪末，那种骆驼商队就不多见了。东西方之间的海上通道被开辟出来，使得贸易更加容易、更加便捷。我们也得快点走了。"她看了看手表，"该回去了！我们走吧！"

她顺着山坡往下走，背影一点点地缩小。绯红色的丝巾在她身后飘荡着，好像空中浮动着的一条河。

就在这时，我发现路上有一块绿油油的闪着金光的东西。我把它捡起来，软软的、凉凉的，像一股清凉的甘泉从我的指尖滑过。是丝绸！一定是那位商队头人不小心失落的，我知道它很珍贵。于是，就跑着向他们追去。

当我追上了驼队头人时，我气喘吁吁地说："你的东西掉了！"

他从骆驼背上向下凝视着我，说："你留着吧，就作为我们这个世纪跨越

到

你们那个世纪的纪念吧！你可以拿它当方巾用。"

　　"实在太感谢你了！"我非常有礼貌地答谢。其实，我心里没有一点儿要感谢的意思。如果我早知道他不想要了，也就不费力地追了。

　　摩挲着那块方巾——我想他说的是手绢——我一路往回走去。那绿色的丝绸上面绣着盛开的粉红色花朵，还有许多长腿的金黄色的鸟。实在太漂亮了！让人怎么舍得用它去擦鼻子呢！一旦想起它的年代竟有那么久远，我就有点不知所措，不知拿它怎么办才好。我想，还是把它存放在玻璃柜或什么东西里面才好。一条14世纪的丝巾可是件值得好好珍藏的宝物呀！

　　我把它塞进口袋里面，飞快地向回跑去，恨不得马上把这事告诉大家。

　　可是大家已经走掉，连影子都找不见了！

　　在我脚下的山坡上，突然有一个绯红色的东西一闪一闪的。是斯柯彻小姐的丝巾！我必须追上它！如果绯红色的丝巾也消失了，我就再也找不到回去的路了，就会被留在14世纪——永远地留在那里，一筹莫展了！

　　当我在连接丝绸之路和皮克尔山小学的小山上向下飞跑时，被山上松散的石头绊倒了，摔了个大马趴，顺着山坡滑了下去。我用尽全身的力气跳起来，抓住了那绯红色丝巾的一角。

霎时，那丝巾在我身上一圈又一圈地绕来绕去，把我从头到脚裹了起来。我就觉得自己整个人在向下落……落……落……

"噢！"我落在漏的豆口袋上面。

一只手把我脸上的丝巾解开了。斯柯彻小姐的眼里含着晶莹的泪光："欢迎你归来，苔丝！"

大家都在热烈地谈论着沙漠。丽姬嗅了嗅双手，"我身上还是有那种味！"她说，"哎，管它呢！反正我度过了一段奇妙的时光！沙漠真是太有魅力了！"

"回家之前，把你们自个儿好好刷刷！"斯柯彻小姐说，"沙漠毕竟是尘土飞扬的地方。"

她说得没错——我们大家个个都是灰头土脸的。我们拍打着自己的衣衫，空中腾起一片尘土。

丽姬的鼻子翕动着，眼睛眯了起来。"苔丝！纸巾，快！"

我把手伸到衣袋里。"喏，给你！"

"阿嚏！"她打了一个大喷嚏。接着，她睁大了眼睛瞪着她的手，我也瞪大了眼睛。

我简直不能相信我自己的眼睛。

丽姬·威斯特刚才竟然弄脏了我那美丽的有着600年珍贵历史的丝绸方巾！